W0471559

Fotografien von Jane Burton

Welpen

Süß, liebenswert ... unwiderstehlich

WHITE STAR VERLAG

Golden Retriever (8 Wochen)

Redaktionelle Leitung: Valeria Manferto De Fabianis - Layout: Clara Zanotti

Vorwort und Redaktion: Giorgio Ferrero

Der Herausgeber bedankt sich für die wertvolle Zusammenarbeit bei
Nanni Trivellone und Luciana Perasso.

Welpen Süß, liebenswert … unwiderstehlich

„Viele Menschen im Leben kommen und gehen, aber nur echte Freunde hinterlassen einen Eindruck im Herzen."

(Eleanor Roosevelt)

Vorwort von

GIORGIO FERRERO

Auf den ersten Blick wirken sie noch wie Miniaturhunde, aber in Wirklichkeit sind es Welpen: klein, verschmust, unsicher, träge, neugierig, verspielt, unbändig und noch einiges mehr. Jeder von ihnen ist mit einer eigenen Persönlichkeit ausgestattet und alle sind ausgesprochen unwiderstehlich. Hundewelpen werden schnell groß, sie lernen aus ihren Erfahrungen und aus den Beziehungen zur Mutter und zu den Geschwistern. Bald schon werden sie erwachsen sein, aber in der Kindheitsphase ihres Lebens eignen sie sich die Fähigkeiten des Hundedaseins an.

„Glück ist ein warmes Hundebaby.“

(Charles M. Schulz)

Hundewelpen brauchen, wie viele Neugeborene unterschiedlicher Gattungen, in den ersten Lebenswochen die ständige Aufmerksamkeit der Mutter, die sie nährt, pflegt, wärmt und ermutigt. Schon früh beginnen sie, vor allem im Spiel und durch die Beziehungen zu den anderen Welpen, die Welt zu entdecken. Daher werden die Geschwister oder auch nur ein häuslicher Gegenstand zu wichtigen Details für Erfahrungen und charakterbildende Abenteuer. Vor allen Dingen jedoch ist es für den, der sie dabei beobachtet, ein einmaliges Vergnügen. Jede Miene und jede Bewegung, selbst die ungeschickte, erscheint einstudiert, um die Aufmerksamkeit des Beobachters zu erregen und ihn in sich verliebt zu machen. Und doch ist das alles ganz natürlich, spontan und schlicht entwaffnend. Das Hündchen observiert, beschnüffelt, erforscht und rollt sich auf den Rücken. Oder es spielt, kämpft mit den Geschwistern, wälzt sich und streckt die Pfoten in die Höhe. Es schläft friedlich oder bewegt sich im Traum. Auf diese Weise offenbart es immer neue Eigenschaften seines Charakters und seiner Hundenatur. Fasziniert von ihren Purzelbäumen und dem drolligen Mienenspiel könnte man Welpen stundenlang zuschauen. In der Tat sollte man keine Gelegenheit dazu verstreichen lassen, denn sie werden schnell groß und erwachsen. Und der, der nicht das Glück hat, mit einem Hundebaby im Haus zu leben, kann unterdessen in den Seiten dieses Buches blättern.

FAST FOOD

Dalmatiner (7 Wochen)

DAS SCHÖNE DARAN, EIN HÜNDCHEN ZU SEIN

„Wir sind zu zweit im Zimmer, mein Hund und ich …
Ich begreife, dass in diesem Augenblick in ihm und in mir ein identisches
Gefühl lebendig ist, dass es zwischen uns nicht den geringsten Unterschied gibt.
Wir sind eins:
In beiden brennt und verzehrt sich dieselbe ängstliche Flamme … Nein!
Nicht Mensch und Tier tauschen miteinander Blicke …,
sondern es ist ein absolut identisches Paar Augen, das sich anstarrt.
Und in diesen Augen drückt sich ein und dasselbe
Leben schüchtern an das andere."

(Ivan Turgenev)

Mischling (6 Wochen)

„Mein Gesicht ist mein Ausweis."
(Vladimir Horowitz)

Bulldogge (8 Wochen)

„Ich bin weder Optimist noch Pessimist,
ich bin ein Möglichist!“
(Max Lerner)

Shar-Pei (8/9 Wochen)

Alaskan Malamute (7 Wochen)

„Ein Hundewelpe, der dir das Gesicht leckt,
ist besser als jeder Psychiater."
(Bern Williams)

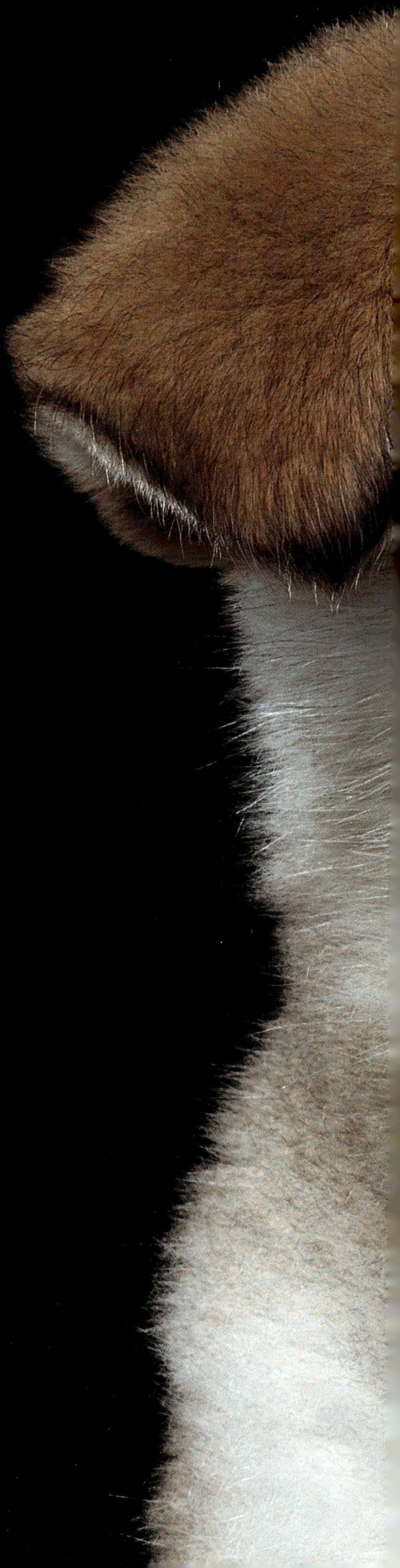

DER KÖNIG DER SAVANNE

Chow-Chow (8 Wochen)

„Jeder Hund ist der König des Hauses."
(H.G. Bohn)

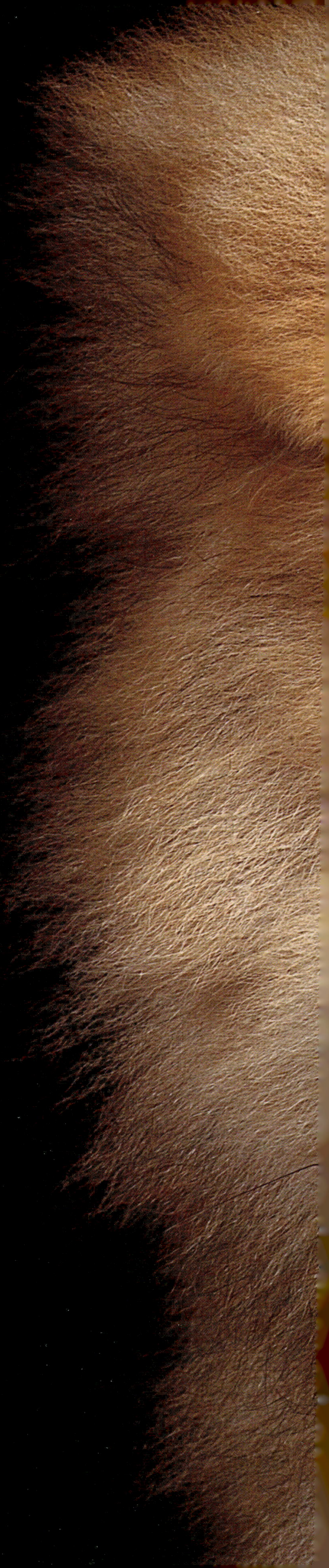

Chow-Chow (8 Wochen)

THE BLUES BROTHERS

Boxer (7/8 Wochen)

STARSKY UND HUTCH

Border Collie (10 Wochen)

Barsoi (10 Wochen)

„Ein Lächeln ist eine ökonomische Methode …

Ungarischer Vorstehhund (7 Wochen)

… um das eigene Erscheinungsbild zu verbessern.“ (Charles Gordy)

Boxer (5/6 Wochen)

Bearcoat Shar-Pei (11 Wochen)

„Jeder von uns trägt den Himmel und die Hölle in sich."
(Oscar Wilde)

Siberian Husky (9 Wochen) - Border Collie (9 Wochen)

DIE VIER MUSKETIERE

Beagle (12 Wochen) - Mastiff (6 Wochen)

FOTOGRAMM

Bulldogge (8 Wochen)

Neufundländer (6 Wochen)

SCHWARZE SEELE

„Ohne Maske sind wir uns dessen bewusst …

Bulldogge (6 Wochen)

… für jeden Freund ein anderes Gesicht zu haben.“ (Oliver Wendell Holmes)

Border Terrier (7 Wochen) und Labrador-Zwergpudel-Mischling (8/9 Wochen)

KONFORMIST UND REBELL

„Im Herzen sind die Schüchternen stets angriffslustig.“
(Charles Horton Cooley)

Bulldogge (5 Wochen)

SOLARIUM

Deutsche Dogge (4 Wochen)

Deutscher Dackel (9 Wochen)

„Ein gut verbrachter Sonntag bringt eine Woche Frohsinn.“ (Englisches Sprichwort)

„Du kannst irgendeinen Blödsinn zu deinem Hund sagen, er wird dir mit einem

Chesapeake Bay Retriever (5/6 Wochen)

Blick antworten, der sagt: ‘Stimmt! Da wäre ich nie drauf gekommen!’.“ (Dave Barry)

Deutscher Schäferhund (7 Wochen)

AEROBICSTUNDE

„Schau dir den Blick deines Hundes an: Kannst du immer noch behaupten, er hätte keine Seele?"

(Victor Hugo)

Border Collie (8 Wochen)

Ungarischer Vorstehhund (8 Wochen)

DIE LAST DER VERANTWORTUNG

„Selbst der Sturz einer Ballerina ist eine Kapriole.“ (Singhalesisches Sprichwort)

Shetland Sheepdog (7 Wochen)

„Hundewelpen sind ein natürliches Heilmittel
für alle, die sich nicht geliebt fühlen."

(Richard Allan Palm)

Boxer (9 Wochen)

„Ich habe mich immer ungeschickt verbeugt." (John Keats)

Boxer (9 Wochen)

STEPPTANZ

Mischling aus West Highland White Terrier („Westie") und Jack Russell Terrier (9 Wochen)

Labradormischling und Portugiesischer Wasserhund (12/14 Wochen)

„Zwei rechnen ab." (John Sturges)

Shar-Pei (8 Wochen)

„Die List ist wie eine kurze Decke:
Zieht man sie übers Gesicht, entblößt sie die Füße."
(Englisches Sprichwort)

„Ich bin sehr stolz auf meine Kämpfer.
Sie haben sich wie Krieger geschlagen."
(Patrick Kelly)

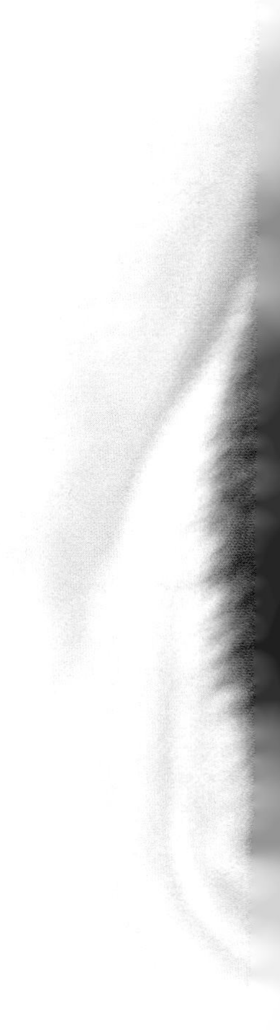

Shar-Pei (7 Wochen)

FRAGESTUNDE

Deutsche Dogge (9 Wochen)

SEEWOLF

Mastiff (6 Wochen)

Belgischer Schäferhund (10 Wochen)

AUF KURZE DISTANZ

„Wenn ich kein Mensch wäre, würde ich gerne ein Hund sein."
(Alessandro Magno)

Deutscher Schäferhund (12 Wochen)

ZU HÖHEREN AUFGABEN BESTIMMT

Bernhardiner (8 Wochen)

SCHULDGEFÜHLE

Belgischer Schäferhund (10 Wochen)

„Der Hund hat eine philosophische Seele."
(Platon)

Boxer (9 Wochen)

„Würden die Gebete eines Hundes erhört, regnete es Knochen vom Himmel.“

(Englisches Sprichwort)

American Staffordshire Terrier (9/10 Wochen)

ROMEO UND JULIA

RAT MAL, WER ICH BIN!

Siberian Husky (6 Wochen)

ZWISCHEN ZWEI FEUERN

Neufundländer (7 Wochen)

GEGENSEITIGE UNTERSTÜTZUNG

Bulldogge (8/9 Wochen)

„Die schönste Erfahrung, die echte Freunde miteinander machen,
ist die, dass sie sich unterschiedlich entwickeln können,
ohne voneinander getrennt zu sein."

(Elisabeth Foley)

Cockerspaniel (8 Wochen) und Border Terrier (9/10 Wochen)

„Die süßesten Küsse sind immer noch die geraubten."
(Leigh Hunt)

English Springer Spaniel (7 Wochen)

„Niemand ist so taub wie der, der nicht hören will.“
(Italienisches Sprichwort)

Deutscher Dackel (10 Wochen)

Pekinese (12/14 Wochen) und Mastiff (6 Wochen)

„Gefährliche Liebschaften“
(Choderlos de Laclos)

Dalmatiner (7 Wochen)

MACHTSPIELE

Labrador (7/8 Wochen)

AUGE UM AUGE ...

Staffordshire Bull Terrier (6 Wochen)

Golden Retriever (5/6 Wochen)

„Für die Freundschaft von zweien braucht es die Geduld von einem."

(Indianisches Sprichwort)

Neufundländer (6 Wochen)

„Sich so selten wie möglich in die Dinge zu fügen, ist eine gute Strategie.“

(Ben Manski)

Dalmatiner (5 Wochen)

GRIECHISCH-RÖMISCHER RINGKAMPF

Shar-Pei (5/7 Wochen)

„Wenn man aus Niederlagen lernt, hat man nicht wirklich etwas zu verlieren.“
(Zig Ziglar)

Cockerspaniel (8 Wochen)

English Spaniel (6 Wochen)

„Wenn du dich nicht als Sieger siehst, kannst du dich nicht wie ein Gewinner fühlen.“

(Zig Ziglar)

„Ein langer Streit beweist, ...

Labrador (6 Wochen)

… dass beide Seiten Unrecht haben.“ (Voltaire)

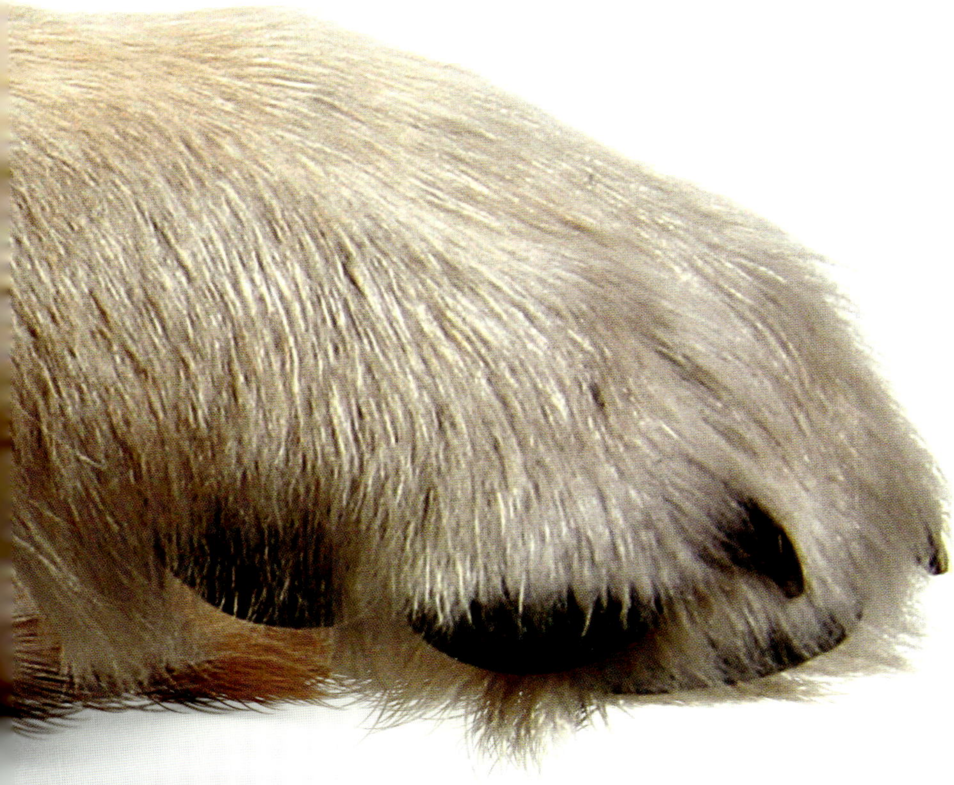

„Nichts macht uns so einsam wie unsere Geheimnisse." (Paul Tournier)

Golden Retriever (6/7 Wochen)

„Glück ist, sich kratzen zu können, wenn es juckt."
(Ogden Nash)

Basset Hound (7 Wochen)

Shar-Pei (7/8 Wochen)

Shar-Pei (7/8 Wochen)

„Es hat immer den Anschein, als habe ein Welpe mehr Fell,

als er tatsächlich brauchen könnte.“ (Maya V. Patel)

„Auch der größte Hund war mal ein Welpe.“
(Joaquin Miller)

Bernhardiner (12/13 Wochen)

„Wenn du dich auf den bequemsten Platz setzen willst,
bewege einen Hund dazu, sich zu erheben."

(Anonym)

„Man muss essen, um zu leben – nicht leben, um zu essen."

(Cicero)

Mischling aus Lakeland Terrier und Border Collie (3 Wochen) und Golden Retriever (4 Wochen)

... AM ABEND

„Please don't wake me,
no don't shake me,
leave me where I am,
I'm only sleeping."
(The Beatles – I'm Only Sleeping)

Border Collie (14 Wochen)

„Jeder, der behauptet, dass man Glück nicht kaufen kann, hat nicht an Hundewelpen gedacht."

(Gene Hill)

Labrador (4/5 Wochen)

„Jung ist man nur einmal im Leben.“
(Henry Wadsworth Longfellow)

UNTER BRÜDERN

Bullterrier (5/6 Wochen)

GRAMMY-VERLEIHUNG

Shar-Pei (7 Wochen)

Spinone (8/9 Wochen)

„Je höher wir uns erheben, umso kleiner erscheinen wir denen, die nicht fliegen können.“ (Friedrich Nietzsche)

Basset Hound (7 Wochen)

„Auch die längste Reise fängt immer mit dem ersten Schritt an.“

(Philippinisches Sprichwort)

Deutscher Schäferhund (8 Wochen)

„Die besten Gedanken kommen während des Gehens.“
(Friedrich Nietzsche)

Basset Hound (9 Wochen)

„Ich liebe das Reisen, aber ich hasse das Ankommen.“
(Albert Einstein)

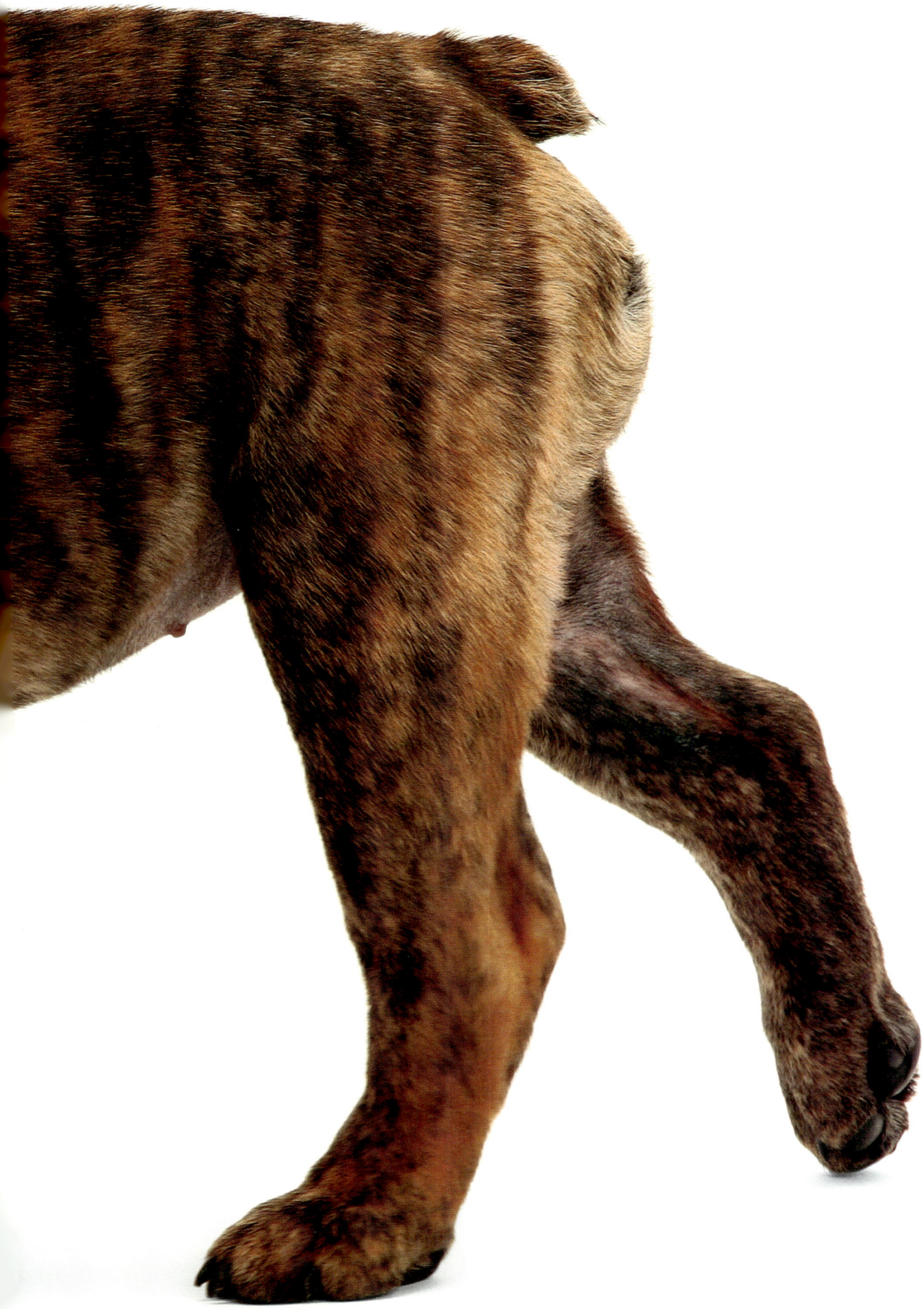

Bulldogge (13 Wochen)

„Schnell gehen ist etwas anderes, als irgendwohin zu gehen.“

(Robert Anthony)

Cockerspaniel (12 Wochen)

Wir verstehen die Liebe unserer
ltern nicht, bis wir selbst Eltern
geworden sind."

(Henry Ward Beecher)

English Setter (8 Wochen)

Deutscher Schäferhund (12/13 Wochen)

FAMILIENTAG

CHEESE ...

Deutscher Schäferhund (9/10 Wochen e 20/21 Wochen)

„Kinder brauchen mehr
Vorbilder als Kritiker."

(Carolyn Coats)

Golden Retriever (7 Wochen) und Persischer Windhund (9/10 Wochen)

„Ein Hund ist wie Peter Pan:
ein Kind,
das nie erwachsen wird …“
(Aaron Katcher)

„Die Familie ist ein Meisterwerk der Natur.“
(George Santayana)

Labrador (4/5 Wochen)

Lurcher (3 Wochen)

ABWECHSELNDE STREICHELEINHEITEN

„Kinder lernen von den Eltern Lachen.“
(Shinichi Suzuki)

Siberian Husky (6 Wochen)

Dalmatiner (3/4 Wochen)

101 DALMATINER

„Es gibt so viel Platz, um zu wachsen …“
(Chad Anderson)

Dalmatiner (3/4 Wochen)

„Die Arme einer Mutter bestehen aus Zärtlichkeit
und Kinder schlafen in ihnen mit Freude."
(Victor Hugo)

Deutsche Dogge (3 Wochen)

„Die Kunst, zu unterrichten, besteht aus der Kunst, bei Entdeckungen behilflich zu sein." (Mark Van Doren)

Siberian Husky (4/5 Wochen)

EINE NEUE GENERATION

„Kinder sind die Anker im Leben einer Mutter.“
(Sophokles)

Bretonischer Vorstehhund (6/7 Wochen)

Labrador (6/7 Wochen)

„Man muss träumen, bevor die Träume in Erfüllung gehen."
(Abdul Kalam)

„Wenn du jedem Traum folgst, kannst du dich verlieren.“
(Neil Young – The Painter)

Deutscher Schäferhund (8 Wochen)

„Schlafende Hunde soll man nicht wecken.“ (Italienisches Sprichwort)

Bulldogge (4/5 Wochen)

FRÜHE MORGENSTUNDE

Rottweiler (4 Wochen)

„Ein Traum, den man alleine träumt, ist nur ein Traum.

Utonagan (6/7 Wochen)

Ein Traum, den man zusammen träumt, wird Wirklichkeit.“ (Yoko Ono – Now or Never)

Golden Retriever (4 Wochen)

„Sag mir, mit wem du schläfst,
und ich sage dir, wer von euch träumt."
(Stanislaw J. Lec)

„Wie viele Pfoten hat ein Hund, wenn du den Schwanz als Pfote bezeichnest? Vier!

Golden Retriever (6/7 Wochen)

Einen Schwanz Pfote zu nennen, macht daraus noch keine Pfote!“ (Abraham Lincoln)

Labrador (5/6 Wochen)

Border Collie (5 Wochen)

HIN UND ZURÜCK

„Hunde beanspruchen nicht viel Platz …

Labrador (5 Wochen)

… sie rollen sich zusammen und schlafen ein.“ (Joan Ray)

„Das ist ein Hundeleben, sagen die Leute – aber warum?
Er macht alles genau so, wie du es gerne tun würdest:
vor jedem Essen schlafen und dann …“

(A. P. Herbert)

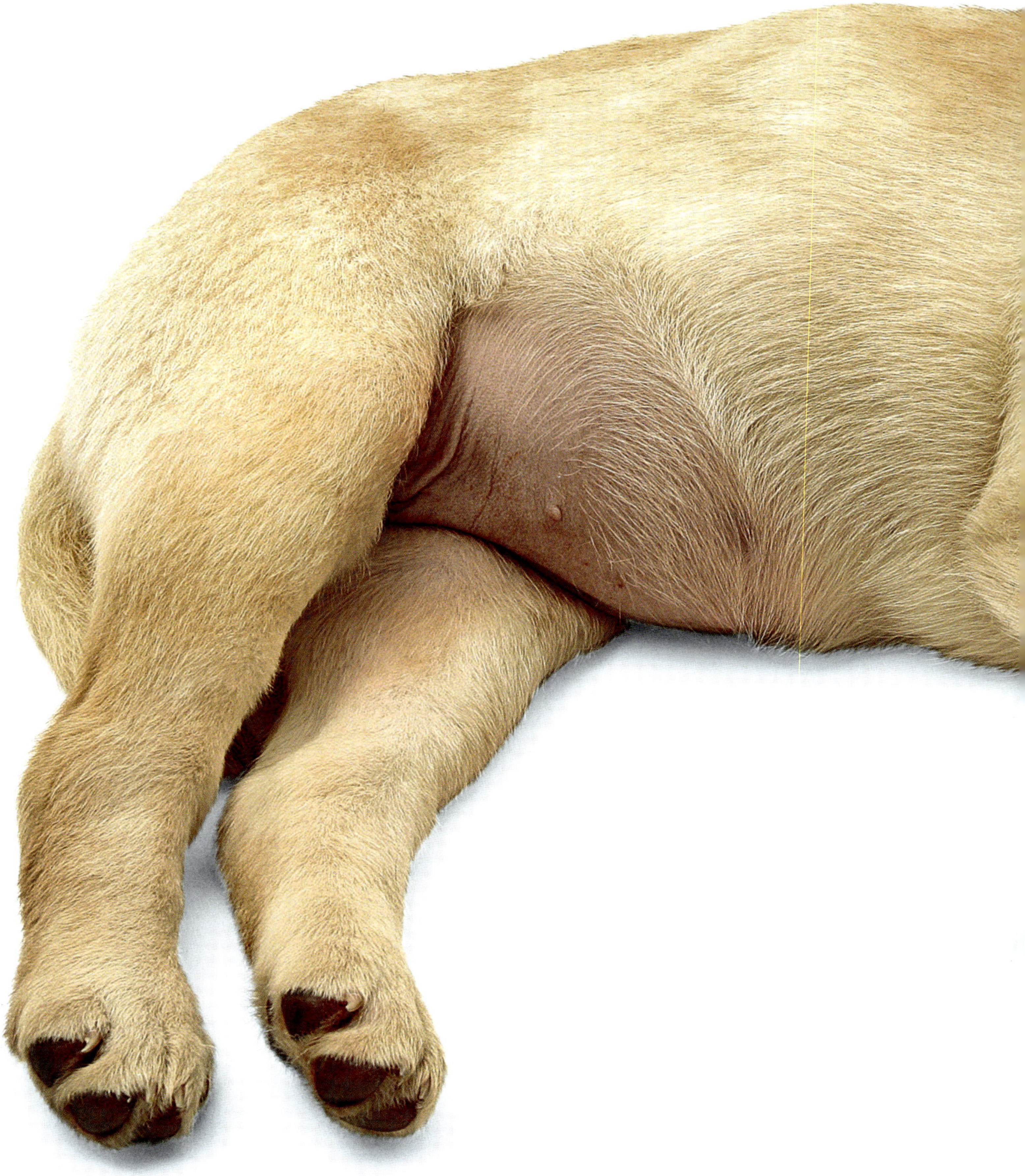

Labrador (5 Wochen)

„Hunde sind weiser als Menschen …
Sie ruinieren sich nicht ihren Schlaf, indem
sie sich darum sorgen, die Dinge zu erhalten,
die sie besitzen, und die Dinge zu erlangen,
die sie nicht besitzen."

(Eugene O'Neill)

Border Collie (5 Wochen)

„Dog Day Afternoon" (Sidney Lumet)

Border Collie (5 Wochen)

Bretonischer Vorstehhund (6/7 Wochen)

WOCHENENDE

Golden Retriever (5 Wochen)

„Das große Schweigen der Hunde tröstet uns über die nichtigen Worte der Menschen."
(Jean-Michel Chaumont)

WHITE STAR VERLAG

White Star Verlag®
ist eine eingetragene Marke von Edizioni White Star s.r.l.

© 2009 Edizioni White Star s.r.l.
Via Candido Sassone, 24
13100 Vercelli – Italien
www.whitestar.it

Übersetzung: Katharina Gewehr
Schlussredaktion: Winfried Schindler

ISBN 978-3-86726-145-6
1 2 3 4 5 6   13 12 11 10 09

Alle Rechte vorbehalten.
Kein Teil des Werkes darf in irgendeiner Form (durch Fotokopie, Mikrofilm oder ein ähnliches Verfahren) ohne die schriftliche Genehmigung des Verlages reproduziert oder unter Verwendung elektronischer Systeme verarbeitet, vervielfältigt oder verbreitet werden.

Gedruckt in Italien

BILDNACHWEIS

Joey Berg/Getty Images: Seiten 90-91 * Jane Burton/Warren Photographic: Seiten 1, 8, 11, 13, 26-27, 28, 29, 33, 36 links, 36 rechts, 37 rechts, 38-39, 42, 43, 52-53, 56-57, 65, 66-67, 68, 69, 76-77, 78-79, 82-83, 88-89, 92-93, 94-95, 98-99, 102-103, 106-107, 108-109, 110-111, 112, 112-113, 114-115, 118-119, 120-121, 122-123, 124-125, 126-127, 130-131, 132, 133, 138-139, 142, 143, 152, 153, 154-155, 160-161, 170-171, 172-173, 174-175, 176-177, 178-179, 180-181, 182-183, 187, 188-189, 190-191, 194-195, 198-199, 200-201, 202-203, 204-205, 208-209, 212-213, 214-215, 216-217, 218-219, 223 * Jim Craigmyle/Corbis: Seiten 46-47, 196-197 * John Daniels/KimballStock: Seiten 58-59 * Datacraft/Getty Images: Seiten 150-151 * Araldo De Luca/Archivio White Star: Seiten 3, 16, 20-21, 22-23, 24-25, 40, 41, 96-97, 116-117, 148-149, 156-157, 164-165, 166-167, 168-169, 192-193, 206-207, 220-221, 224 * Pat Doyle/Corbis: Seiten 30, 31 * Patricia Doyle/Getty Images: Seite 15 * Fancy/Veer/Corbis: Seiten 45, 147 * Fotototo/Blickwinkel: Seiten 50-51, 72-73, 75, 128-129 * Yasuhide Fumoto/Getty Images: Seite 19 * Martin Harvey/Getty Image: Seiten 7, 48-49, 141, 184-185 * Ron Kimball/KimballStock: Seiten 32, 104-105, 134-135 * J. M. Labat/ardea.com: Seiten 62-63 * Sharon Montrose/Getty Images: Seiten 4, 5 * Neo Vision/Getty Images: Seiten 210-211 * Martin Rogers/KimballStock: Seiten 34, 35 * Mark Taylor/Warren Photographic: Seiten 37 links, 44, 54-55, 60-61, 70, 71, 80-81, 84-85, 86-87, 100, 136-137, 145, 158-159, 162, 163